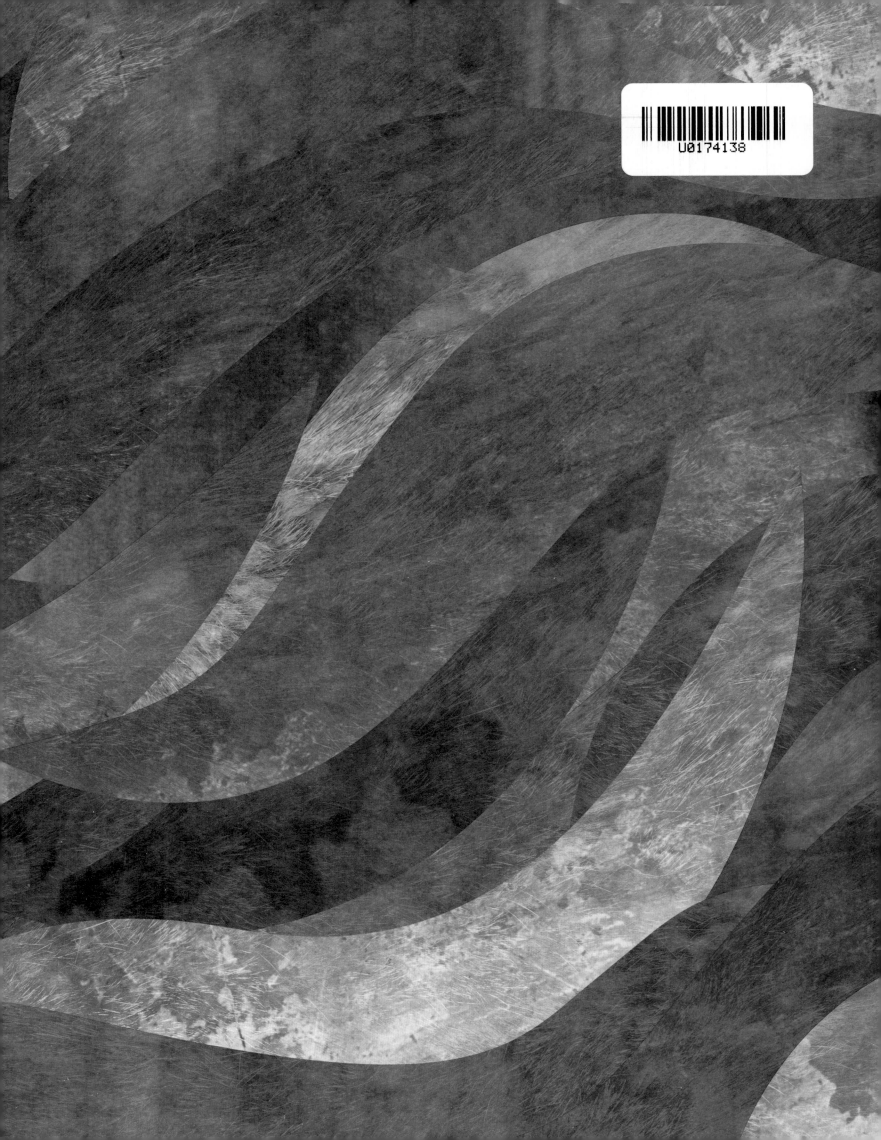

狼的法则

万物有灵

[英]斯密瑞缇·普拉萨达姆-豪尔斯/著

[英]乔纳森·伍德沃德/绘

范晓星/译　刁奕欣/审

电子工业出版社

Publishing House of Electronics Industry

北京·BEIJING

送给盖博、拉菲、汤姆和本，我的狼群。
——斯密瑞缇·普拉萨达姆–豪尔斯

送给马里和山姆森，两个喜爱探险、富有创造力的小狼，每天都给我无穷的灵感。
——乔纳森·伍德沃德

Original title: *THE WAYS OF THE WOLF*
Author: Smriti Prasadam-Halls
Illustrator: Jonathan Woodward
Copyright© Hodder and Stoughton Limited, 2017
Simplified Chinese rights arranged through CA-LINK International LLC.

本书中文简体版专有出版权由 Hodder and Stoughton Limited 经由凯琳国际文化版权代理授予电子工业出版社，
未经许可，不得以任何方式复制或抄袭本书的任何部分。

版权贸易合同登记号 图字：01-2022-0745

审图号：GS京（2022）0612号
本书中第20、21、42、43页地图系原文插图。

图书在版编目（CIP）数据
万物有灵. 狼的法则 /（英）斯密瑞缇·普拉萨达姆–豪尔斯著；（英）乔纳森·伍德沃德绘；范晓星译. -- 北京：
电子工业出版社，2022.9
ISBN 978-7-121-43445-7

Ⅰ.①万… Ⅱ.①斯…②乔…③范… Ⅲ.①动物–少儿读物②狼–少儿读物 Ⅳ.①Q95-49

中国版本图书馆CIP数据核字（2022）第078660号

责任编辑：董子晔
印　　刷：河北迅捷佳彩印刷有限公司
装　　订：河北迅捷佳彩印刷有限公司
出版发行：电子工业出版社
　　　　　北京市海淀区万寿路173信箱　邮编：100036
开　本：889×1194　1/8　印张：6　字数：25.25 千字
版　次：2022 年 9 月第 1 版
印　次：2022 年 9 月第 1 次印刷
定　价：78.00 元

凡所购买电子工业出版社图书有缺损问题，请向购买书店调换。若书店
售缺，请与本社发行部联系，联系及邮购电话：（010）88254888，88258888。
　　质量投诉请发邮件至 zlts@phei.com.cn，盗版侵权举报请发邮件至
dbqq@phei.com.cn。
　　本书咨询联系方式：（010）88254161 转 1865，dongzy@phei.com.cn。

目录

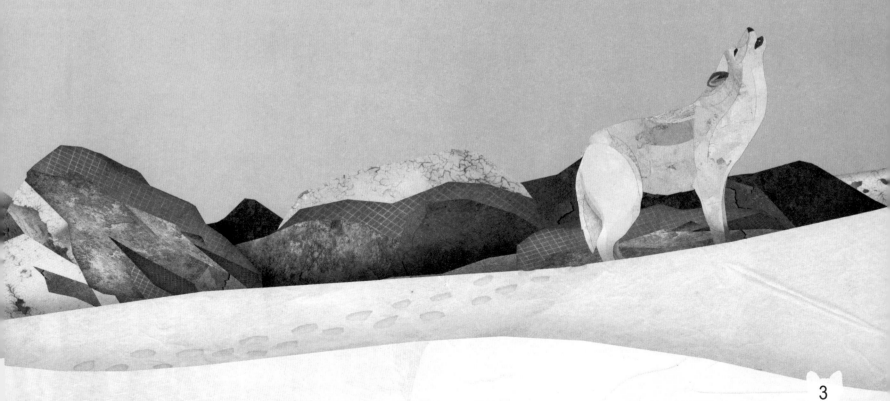

狼群与人类

威风凛凛、凶狠残暴、坚韧强壮，一直以来狼都是令人惊叹与恐惧的动物。它拥有速度、智慧和非凡的力量，以猎食本领和令人毛骨悚然的嚎叫而著称。

然而，狼也是最被人类误解与歪曲的动物。在各国的民间传说中，它几乎都占有一席之地，在童话和想象里，狼臭名昭著、神秘莫测，总是被刻画为人类的劲敌。

尽管我们不愿承认，狼与人类其实有着更近一层的
关系。狼群之间通过复杂高深的方式交流，它们之间也
存在根深蒂固的爱与忠诚，这些都和人类的家庭生活极
其相似。

敏感抑或野蛮？美丽还是残忍？这一切等待
你来判断，就让我们一起探秘野性与神奇的狼群
法则……

狼群生活

　　见面时轻轻地碰碰鼻子，玩耍时淘气恶作剧，狼群在日常生活中彼此分享、其乐融融，展现出忠诚、温情与关爱。无论猎食、行进还是生活都在一起，狼群中成员之间的关系非常深厚。

　　狼群的核心是头狼和它的配偶，它们出双入对，如影随形，共同担负照顾整个狼群的任务。

根据猎食与防御能力的不同，狼群中的其他成员形成或高或低的等级，当然，性格上有进取性的狼更容易获得较高一些的级别。

狼群中的小狼完全长大之后，也会加入等级排列。在这之前，它们在日常玩耍中争当最出色的角色。长大以后，大多数小狼会离开狼群，寻找新的领地，建立新的狼群。

无论年龄和等级，狼群里的所有成员都同心协力。

狼群密码

通过身体姿态、面部表情以及尾巴与耳朵的状态变化，狼彼此之间可以无声地快速传递信息。有时候只需一个眼神或者一个姿态，就能避免一场争斗。通过这样的方式，狼群之中维持着等级和秩序，收获和平。

愤怒姿势

露出牙齿，皱起鼻子；耳朵向外侧压低；尾巴伸直或者竖起。

主宰姿势

身体挺拔，腿部直立；尾巴伸直或略微竖起；耳朵竖起或者向前。

臣服姿势

身体蜷曲、缩小身子；尾巴夹在两条后腿之间；耳朵放平，贴近头部。

嬉闹

前腿伏地，后半身抬起，摇晃尾巴。

狼活泼而且精力旺盛，它们玩耍起来虽然动作有些粗鲁，但并不会伤害对方，比如比赛谁的嘴巴张得更大，谁跑得更快；或者忘乎所以满地打滚儿。它们邀请其他狼一起玩耍时的姿势叫作"游戏鞠躬"。

野性的呼唤

　　狼群的嚎叫声令人毛骨悚然，十公里以外的地方都能听得到。不论是召集同伴、试探异性，还是呼唤援救或者悲伤地哀歌，狼的嚎叫声都非常独特，一听就知。

　　狼用各种各样的声音交流。尖利呼唤和低沉呜咽伴随着狼群的日常生活。防御时发出的嗷呜或吼叫声是警告入侵者和对手不要靠近，一些幼狼如果发出少见的像狗一样的汪汪叫声，则说明危险近在眼前。

然而，在所有的狼叫声中，最震撼人心的还是那种在夜空回荡、余音缭绕、充满期待、令人寒毛竖起的嚎叫。

危险的气味

下雨后，山谷里一片青翠，天清气朗。狼群嗅到了一群马鹿的气味，估计这群鹿走到差不多两公里之外的地方了，但是小路上布满了它们遗留下的踪迹。

狼群驻足，用长鼻子深吸空气中、树枝间和断木上盘旋的味道。遗留的气味、啃咬过的树叶、带着泥土的脚印以及掉落的皮毛，从这些蛛丝马迹之中，它们判断出鹿群放慢了行进的脚步。狼群的猎物疲倦了，其中的一两头似乎有些跟不上大队伍的步伐。

等一下！这儿还有一种气味，是另一头狼的。一个对手竟敢无视明显的标志领地的气味，闯入了狼群的领地。它留下了自己的气味，这气味像人类的指纹一样独一无二。

狼群一起齐声嚎叫，仿佛在说："闯入者，这儿没有你猎食的地盘了！"

13

寂静之声

一枚松塔掉到森林里的地面上，一头狼竖起耳朵，它在其他动物出现之前就感觉到了它们的行踪，它的听觉高度灵敏，可以听到从很远的地方传来的几乎无声的动静。

它的耳朵可以单独转动，全神贯注地循着声音辨别来源。它耐心地聆听，耳朵总是竖起，即便在睡着的时候也能捕捉到声音。

琥珀之眼

狼也许先用到嗅觉和听觉，可是敏锐的视觉能帮助它们发现周围最细微的动静：一晃而过的萤火虫、动物轻轻摆动的尾巴。

它明亮的眼睛可以在距离很远的地方认出熟悉的伙伴，立刻辨别出朋友或敌人，在紧急时刻立即做到防卫。

狼的视觉在黑夜也跟白昼一样锐利，夜间行动对它来说完全没有问题。午夜深蓝的夜空下，它们轻松地行动，与满天的星光做伴。

征服自然

狼是适应环境的大师。它能够在最严峻的生态环境下生存，因为体格上有天生的优势来保护自己。

北极狼是灰狼的亚种，它的毛演变为熠熠发光的纯白色，在冰雪世界里可当作完美的伪装。它的耳朵和鼻子比其他狼小，这样可以减少散发热量，而身上一层厚厚的脂肪更能保暖。最令人称奇的是它们还能控制自己的体温。

尾巴

当北极狼卧在地上时，长且蓬松的尾巴可以像毯子一样盖住头，在零下七十摄氏度的情况下保暖，并且保护眼睛不受苔原沙尘和大风的伤害。

皮毛

它有双层毛发，能够保持温暖干燥。柔软且短的内层毛发贴身保温，浓密而长的外层毛发好像组成了一件防水、防风的大衣。当春天到来时，狼会褪掉很多毛来降温。

伪装

狼的皮毛颜色可以根据它们的生活环境而变化，使它们可以和周围的环境几乎融为一体。

脚掌

狼的脚掌宽大灵活，让它们可以适应任何环境。在陡峭的山岩上追逐羚羊时，能紧紧地扒住岩石和树枝；在厚厚的雪地或者薄冰上行走时，可以平均分散体重。当它们在崎岖的地面奋力奔跑时，爪子着地还能防止滑倒。

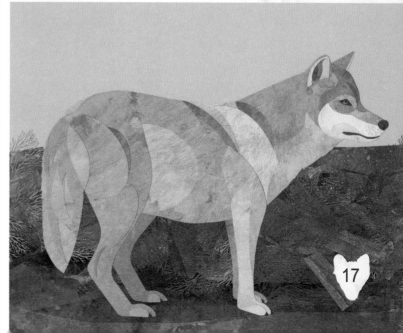

17

狼的种类

在人类的意识、文化与传说中，一提到狼，总是那种鬼鬼祟祟走来的大灰狼的形象，其实，灰狼只是狼家族中的一员。

灰狼

灰狼是狼家族中数量最庞大、最为人熟知的成员。

红狼

红狼的体形比灰狼小，毛是漂亮的黑色或灰色，其间点缀着红色斑点。不久以前，红狼面临严重濒危的情况，后来美国东南部地区已经新引进了一些红狼。

埃塞俄比亚狼

埃塞俄比亚狼的毛为铁锈色，体形比红狼更小，颜色更红，同样面临濒危的情况。只有在埃塞俄比亚的部分山区才能看到这种狼。

北美东北郊狼

北美东北郊狼的生存也受到了威胁，只生活在美国东北部和加拿大东部。

郊狼

虽然体重只有灰狼的三分之一左右，但它们和灰狼一样狡猾聪明。郊狼通常生活在北美大部分地区。

亚洲胡狼

亚洲胡狼看起来像是缩小版的灰狼，它主要吃肉，同时也寻觅水果和蔬菜，从欧洲到印度和泰国都能见到这种狼。

黑背胡狼和侧纹胡狼

这种狼的特征与狐狸相似，身材修长。

四条腿的伙伴

所有犬类都是狼的近亲，虽然有些犬类模样更像狼，或者更具狼性，而有些犬类不是。但我们不用过于害怕这些家里的"狼"，因为家养的犬类是被驯化过的，而野生狼却不是。

狼生活的地方

野生森林、浓雾笼罩的山峦、炙热的沙漠和白雪皑皑的北极，都一直或曾经是狼的家园。

北美洲

南美洲

图例

北极狼

郊狼

北美东北郊狼

埃塞俄比亚狼

亚洲胡狼

格陵兰狼

灰狼

黑背胡狼和侧纹胡狼

红狼

如今，狼的领地小了很多，但是它们仍旧极易适应不同的环境，它们是天生的生存者。

欧洲

亚洲

非洲

澳大利亚

21

狼的猎物

　　从花蕾含苞待放的初春到冰天雪地的寒冬，狼只专注一件事：猎食。狼对肉有着永远满足不了的需求，是名副其实的肉食动物。作为食物链顶端的猎食者，它们的日常行为总是在搜寻下一个猎物。

　　对狼来说，最好的猎物是蹄类大型动物。角鹿、野牛、鹿、羚羊或驯鹿都能为它们提供足够的营养，度过漫漫长冬。

北极兔和河狸是小型猎物，但如果可以经常捕获它们，也可以获取足够的营养。

当食物稀缺时，鱼类、鸟类、昆虫、植物、莓果和蛇都会成为狼果腹的食物。

23

捕猎

　　心跳如鼓，耳朵向前，身体绷紧，目光如炬，这样的身体状态说明狼群的捕猎已经接近尾声。狼群团结一致，一心一力。牛群的蹄声如隆隆的雷声，狼群紧追不舍，直至牛群中的一头牛掉队。受伤的野牛跟跟跄跄，无法赶上队伍。狼群加快速度，距离越来越近。转瞬狼群便会扑向野牛，捕猎宣告结束。

致命的狼颌

追逐过后，一场盛宴开始。狼贪婪地扑在猎物的尸体上，它们有着非凡的捕猎能力，也同样有着高效的进食方式。锋利的牙齿和有力的颌能让它们狠狠地撕咬。一口不剩，什么都不浪费。

如果被捕捉的猎物很大，狼会尽可能多吃。它可以一顿吃下八公斤食物，然后两个星期不用进食。狼从来不知道什么时候能吃到下一顿饭。

脖子

粗壮的脖子为撕扯和啃食
提供有力支撑。

牙齿

狼牙大且尖，有四十多颗，能紧紧咬住猎物，撕下肉，咬碎骨头。狼有八颗臼齿和四颗长长的獠牙。

颌

狼的颌力大无比，为人类颌力的五倍，正好可以咀嚼粗糙坚硬的肉。狼牙还能咬碎骨头，让它们吃到富含营养的骨髓。

漫游荒野

  广袤的夜空下，狼群的身影在移动，悄无声息地排成一队，就像在冰面上滑行。腿脚敏捷、修长纤瘦，狼是天生的远行者。

  不论涉过湍急的河流，跨越冰雪山峰，还是迅速、无声地踏过刚铺上白雪的土地，它们不停地行进。狼群的领地可以扩展到方圆几百公里，狼必须在自己的领地巡逻，守护它们的猎物。

狼群通常每天行走十个小时左右，保持着稳定的速度，但在追逐猎物时会加速，疾速奔跑的速度可高达每小时六十五公里。

向前，向前，狼群的步伐永无止境，沉着有序。

它们是一群齐心协力的旅者。

给小狼的家

春天，蓝铃花开了。母狼即将迎接它的小狼，所以要寻找一个完美的洞穴。一个攻击者找不到的地方，一个足够高可以瞭望远方的地方，一个接近水源的地方，能遮风挡雨、防御守护，让刚出生的小狼崽平安度过生命中最珍贵的前几个星期。

或许那是一个岩石间深深的狭缝、一棵倾倒的大树下面，或者河岸边的地洞。还有可能是另一个狼妈妈为小狼建造的洞穴，甚至是河狸放弃的河坝。

找啊找，一旦狼妈妈遇到了合适的洞穴，她知道这就是自己产宝宝的地方。

小狼的第一步

出生后，小狼只认自己妈妈的心跳声。多个兄弟姐妹紧紧地依偎在妈妈身边，取暖吃奶。狼妈妈的眼睛就是小狼的眼睛，狼妈妈的耳朵就是小狼的耳朵。

很快，小狼能从洞穴里往外看了。小眼睛闪闪发光，像蓝色的天空。狼爸狼妈外出猎食，但小狼从不孤独，狼群中总有成员照看和保护它们。小狼摇摇晃晃地迈开第一步：未知的世界，我们来啦！

不久，小狼在洞穴外开辟出新的游乐场。无拘无束的日子开始了，它们追逐自己的尾巴，互相丢骨头，还会开心地咿呀叫。你推我顶、打滚、翻跟头，小狼在游戏中模仿大狼的行为，身体日渐强壮，猎食技能也日渐提高。

狼爸狼妈的鼓励和疼爱围绕着小狼，使它们成了狼群的宝贝。

幼狼的成长过程

出生
母狼怀孕六十三天后小狼出生，那时它们什么都看不见、也听不见。

2周
小狼睁开眼睛，开始走路。

3周
小狼开始长乳牙。

6周
小狼经常短暂地离开洞穴外出游逛。

8周
小狼现在只吃固体食物了。它们经常在户外生活和玩耍。

10周
小狼长出恒牙。

12周
小狼开始外出行动和猎食。

狼的敌人

聪明的狼总是脚步很轻，非常警觉。耳朵竖起来，仔细聆听，注意发现危险。因为袭击有可能随时发生。

其他狼群

有些其他狼群可能会为了争夺领地向目标狼群发起致命的攻击。

秃鹫

这些肉食猛禽在天空盘旋，总是试图偷食狼的猎物。

棕熊

棕熊是可怕的敌人，对于狼群中最小的幼狼来说尤其如此。在对抗中，它们是非常可怕的对手。

狮子

狮子也会跟它们抢夺猎物。

盗猎者

盗猎者是狼最危险的
敌人。

狼的朋友

并不是所有的动物都害怕狼。

　　黑翅渡鸦总是追随着狼群，飞翔盘旋。没人知道狼与渡鸦之间的沟通方式，也许渡鸦是狼在天空的眼睛和耳朵，也许渡鸦的叫声能提醒狼群附近有猎物或者危险。难怪渡鸦还有另外一个名字——狼鸟。它们在狼群上空拍打厚重的翅膀，吃狼的猎物，掠过狼尾与之嬉戏。

在印第安人的音乐与传说中也不乏狼的身影。古老的民族与自然和谐共处，与狼共舞，他们给予狼的是赞美之词，而非恐惧。他们欣赏狼自由的天性，尊重狼，与其共享地球上的丰饶物产。他们认识到狼在自然秩序中的地位，对他们来说，狼是忠诚、力量与勇气的象征。

亦正亦邪的狼

狼的各种传说在世界各地世代相传。它们狂野、桀骜不驯的精神在民间故事里流传，成为人们想象的源泉。

它们有时被诠释为温柔的守护者，保护人类、带来庇护和爱。养育狼的行为绵延了几千年。

在古罗马的神话中，我们看到双胞胎兄弟罗穆卢斯和瑞摩斯的故事：他们被愤怒的国王处以死刑，放在篮子里的两个婴儿在台伯河上漂流而下，一头母狼救了他们，并且喂养和照顾他们直至恢复健康。后来两个男孩其中之一的罗穆卢斯长大之后成为古罗马城的创建者。

在吉卜林的童话《丛林之书》中，一群温柔、充满爱心的狼成为主人公的保护神。这本书里有七个中篇故事，其中有六个故事都发生在印度。一个叫莫哥利的孩子，在丛林里迷了路，孤苦伶仃，被狼群抚养长大，成为一个"狼孩"。当凶猛的老虎出现时，狼会挺身而出保护他。

然而我们看到更多的是，狼被描写为狡猾的骗子或者嗜血的怪兽。在童话故事里窜来窜去的坏蛋大灰狼，来自很早以前农民对狼的恐惧。虽然狼袭击人的事很少见，但人类还是害怕牲畜被狼吃掉，于是狼被描绘成为邪恶与贪婪的化身，专门捕食无辜者。

在《小红帽》的故事里，一头狡猾而又作恶多端的狼耍花招欺骗小女孩和她的外婆，设计把她们都吃掉。

同样，在《三只小猪》的故事里，可恶的大灰狼铁了心要吃掉小猪三兄弟。吹啊、吹啊，他要把小猪的房子吹倒，再把小猪吃掉。

然而，童话故事里的狼几乎总是逃不过死亡的命运，故事的主人公终究会战胜狼。这样的故事能抚平现实中人类对狼的恐惧感，让捕猎狼成为理所应当的举动。

虽然故事里会有各种动物，可狼总是最能吸引我们的注意力，不论好狼坏狼，都是会让人惊心动魄。狼眼中迸发的光亮，传递着危险与挑战。

被人类捕杀

曾经，狼可以自由地游荡。它属于土地，土地也属于它。

但是由于人口数量开始膨胀，人类要占用更多土地，狼的世界改变了。林地面积缩小，它不再有开阔的家园可以任意徜徉。猎物更加难找，狼要同猎人竞争食物。

猎人还可能猎杀狼。猎人对狼的世界不甚了解，他们害怕狼在没有必要的情况下袭击牲畜，所以将狼从家园中赶走。

当在许多地区不再拥有栖息地的时候，狼群便消失了。

灰狼的家园

　　灰狼的足迹几乎遍布世界各地，它们能快速适应极热与极寒的气候，曾经是遍布地球最多的哺乳动物。只要有猎物的地方就能落脚，只要有栖息地就能生存。几百年来，灰狼就是这样顽强求生存。

北美洲

南美洲

图例

　　现在灰狼的主要领地

　　历史上灰狼的主要领地

　　灰狼几乎从未涉足的地方

然而更大的危险悄然而至。人类砍伐森林，建造家园，恐惧驱使他们捕猎狼。灰狼的数量急剧减少。今天，只有在北美洲、欧洲和亚洲的一些地方才有灰狼，它们只能躲藏起来生存。

欧洲

亚洲

非洲

澳大利亚

43

狼的生存

近年来，一些国家通过法律来保护这些了不起的动物。前景还是令人乐观的，人们现在已经认识到狼在维持生态系统平衡中所起到的作用，狼也是保护动植物和生态的重要角色。人们在努力重新将狼引进曾经的栖息地。

误导人的迷思

狼会攻击人

狼是害羞的动物，它们害怕人类。如果遇到人类，
大多情况下它们可能跑走。

狼猎杀是为了游戏

像任何捕食者动物一样，狼猎杀猎物以求自己的生存。
它们目标是体弱、伤病、年幼或者年长的动物，
面对强敌，它们基本上不会反击或者令自己受伤。

狼是没有用处的有害动物

狼是生态系统平衡健康持续发展的一部分。
它们捕杀更弱的动物，保证动物群体的健康有序。

狼是残暴野蛮的

狼和人类有很多共性：总是爱玩、亲近、有深厚的家庭纽带。

帮助狼生存

你是否愿意帮助狼生存？下面是你可以做到的事：

- 尽可能多地了解关于狼的知识。

- 绿色生活，保护环境，拯救狼的生态环境。

- 帮助其他人去了解关于狼的知识，展现狼的野性与神奇。

想了解关于狼的知识，最好的途径之一就是通过狼的保护组织。
这些组织致力于保护野生狼的种群以及它们的生存环境。